VARIABLE FASHION OF HOME STYLE

风格家居
变装秀

U0365026

理想·宅 编

 化学工业出版社

·北京·

图书在版编目(CIP)数据

风格家居变装秀 ／ 理想·宅编．－ 北京：
化学工业出版社，2014.1
　ISBN 978－7－122－18715－4

　Ⅰ.①风…　Ⅱ.①理…　Ⅲ.①住宅－室内装修－
Ⅳ.①TU767

中国版本图书馆CIP数据核字(2013)第246041号

责任编辑：王　斌　林　俐　　　　　　　装帧设计：骁毅文化

出版发行：化学工业出版社(北京市东城区青年湖南街13号　邮政编码100011)
印　　装：北京瑞禾彩色印刷有限公司
710mm×1000mm　1/12　印张 12 字数 50 千字　2014年1月北京第1版第1次印刷

购书咨询：010－64518888 (传真：010－64519686)　售后服务：010－64518899
网　　址：http://www.cip.com.cn
凡购买本书，如有缺损质量问题，本社销售中心负责调换。

定　　价：　39.80元

前言
FOREWORD

　　家居装修不仅仅意味着一个空间，更是心灵的归属，是属于自己的那一面墙、一盏灯、一张床。想要拥有一个属于自己的家，想要与众人一样热爱它、依赖它。

　　不同的人有不同的基础条件和个性诉求，不同的设计师也有不同的设计理念与表现手法，但是经过一番对细节的对比之后，就会发现存在于形式各异的装修案例之中的相同之处，从而了解到人们对于家庭装修的共性诉求。

　　本书由12个各种不同风格的家居装修案例组成，包含了甜美、私密、轻松、快乐、富贵、温暖等六大生活主题元素，更为贴近家庭生活。除了全面展示与分析每个案例的整体设计、材料应用以外，针对家居装修各种设计思路、具体部位以及装饰等内容，非常有针对性地进行了举例替换，让读者在欣赏设计的同时，能够举一反三，获得更为丰富的装修灵感。

　　参加本书编写的人员有：李小丽、王军、李子奇、邓毅丰、于兆山、蔡志宏、刘彦萍、张志贵、孙银青、刘杰、李四磊、肖冠军、孙盼、王勇、安平、王佳平、马禾午、谢永亮、黄肖、陈云、胡军、王伟、陈锋。

目录
CONTENTS

甜美系

幸福新婚之家

妖娆时尚

设计
说明：

整个家居空间时尚简约又不失个性，色彩的装点使家居空间充满魅力。不同色彩的材料让空间变得丰富多彩，粉色花朵图案的壁纸与硬朗风的电视墙搭配，主次分明让客厅空间感十足，同时营造非常甜蜜的家居氛围。

◉ 设计师：管伟
◉ 户　型：三室两厅
◉ 面　积：145平方米
◉ 主　材：壁纸、木地板、板
材、瓷砖等

平面布置图

如果觉得吧台功能较为单一，可以换成具有收纳功能的宽体吧台，更为实用。将吧台背景换成镜面玻璃，扩大空间感的同时，还能提升空间的精致感。

如果条件允许，将实体墙换成通透的造型，可以实现更为别致的空间效果。

除了做满的整体电视柜，也可以选择这种矮柜配局部吊柜的形式，在视觉上会相对轻松一些。

电视背景墙也可以不做装饰，简简单单的留白更能营造舒适的空间感，适当地加以点缀，营造喜庆氛围。

一般家居中最需要多花心思的地方就是收纳了，不同形式的墙面收纳可以令空间清爽整洁，更能够烘托出生活气氛。

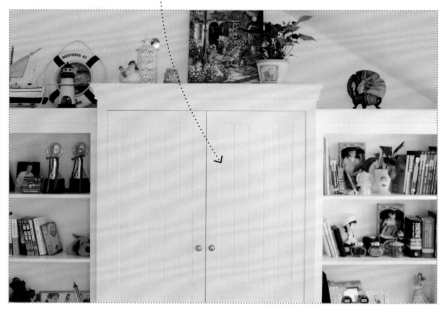

新房之中也可以选择这种相对淡雅的花纹，空间氛围更为柔和，搭配局部的立体造型，更为精致。

对于卧室而言，选用软包装饰床头背景更能体现舒适、高档的感觉。

梦中桃花源

设计
说明：

　　本案不久前进行过一次简装，因为要作为婚房使用，所以局部又重新设计装修。此次装修重点将厨卫、墙面、顶面进行了改动，用后期软装饰来体现风格设计。由于空间都相对狭小，因此多数为定制家具，以使整体比例更协调美观。

项目档案

⊙ **设计师**：郭瑞
⊙ **户　型**：两室一厅
⊙ **面　积**：60平方米
⊙ **主　材**：吸塑橱柜、仿古瓷砖，进口壁纸，实木地板，立邦漆等

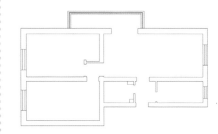

平面布置图

如果不需要单独的鞋柜，则可以在这种角落摆放漂亮的矮柜与花艺装饰。

对于新婚小夫妻来说，在墙面做一些漂亮的装饰，能够增添浪漫、甜蜜的幸福感。

适当地增加一些吊柜，是扩大家居收纳空间的好办法。

对于年轻业主来说，墙面手绘装饰更能体现青春、活力的家居氛围。

将画框换成照片墙，生活气息更为浓厚，墙面层次感也更加活跃。

如果不想用壁纸，也可以使用彩色乳胶漆，一样可以营造出理想的家居氛围。

仿古砖、木地板都是
营造田园风情的装修
材料。如果想要来点
自然乡村的味道，不
妨试试实木吊顶。

碎花图案的壁纸在厨房中，展现出犹如少女般柔和、温暖的气氛。

统一色调的墙面砖能够营造更为温馨、整体的空间效果。

不妨试着做一个窗台，利用布艺进行装饰，既实用又舒适。

绿色系虽然清爽，但是作为婚房，红色系搭配碎花更能体现浪漫、甜美的感觉。

现代家居中，要想体现更为整体、流畅的空间效果，书柜可以采用现场制作的方式，将家具与空间立面完美地融合在一起。

组合形式的整体书柜，将书桌与书柜合二为一，空间的利用度更好。

如果不喜欢深色调的张扬，可以考虑浅色调的墙砖，这样更符合大多数业主的审美习惯。

将局部点缀效果扩大至全部，采用花砖进行整体装饰，效果更为活泼、时尚。

私密系
精致浪漫家居

新贵一族

项目档案

⊙ 设计师：周闯
⊙ 户　型：三室两厅
⊙ 面　积：145平方米
⊙ 主　材：浴缸、橱柜、地
砖、壁纸、地板、玻璃、马
赛克

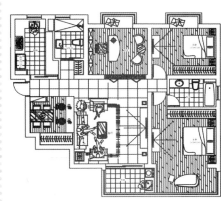

平面布置图

设计说明：

业主要求房子要有时尚气息，并且永远不会淘汰。所以在设计上大胆地使用了黑白两色的结合，营造永恒的经典搭配。妙用黑色烤漆玻璃嵌入墙体，划出一条条硬朗的"联络线"，让厨房、卫生间和书房三个相互分离的空间串联起来，这就是这个后现代之家的生命灵魂之所在。

现代风格的客厅，大多喜欢造型前卫的电视墙面，其多变的造型与几何线条能够很好地体现时尚、精致的效果。

如果觉得造型变化太多，太过前卫，也可以采用相对更为规矩的形式。

将实木换成烤漆玻璃，现代时尚感更强，但是也少了些华贵效果。

尝试不同的吊顶形式与材料，往往可以获得更为别样的空间效果。

在家中装饰吧台，能很好地调动空间氛围。因为吧台在家居中已经比较醒目了，不妨选择更为简单一些的造型和材质。

强大储物功能设计

装饰亮丽展示架设计

纯粹的背景墙装饰设计

在餐厅处设置衣橱储物柜，非常巧妙的设计，充分利用了家居空间。不过，也会有些业主对于这样的布置还是感觉别扭，那么餐厅的背景墙设计也可以采用常规的设计形式。

既然方案采用黑白主题，也可以考虑将主题设计延伸到厨房中，一样的精致、现代，同时还能与客厅地毯形成呼应，别有一分韵味。

在现代风格的家居中，采用半玻或者全玻推拉门也是非常好的选择。

与其留有空隙，不如将书柜做满。

书房用浅色地板，会显得更为轻松一些。

如果空间允许，可以贴墙做一个整体柜，大大增强了卧室的收纳能力。

给背景墙来点变化，卧室立刻变得动感起来。

在这个现代家居中，卧室也可以更张扬一点，烤漆玻璃面板能够营造非常精致的效果。

整面的深色调难免会产生压抑的感觉，也可以采用上浅下深的墙面设计。

如果觉得简单的布置显得较为单调，可以将阳台做成榻榻米式的地台，并相应地布置储物空间，为家居增添一处功能区域。

如果业主喜欢前卫的感觉，则可以采用黑白对比设计，张力十足，更符合本案的主题，但也因此少了几分温暖的感觉。

纯·粹

设计说明：

业主想要用浅色的材料设计出既简单又摩登的感觉，因此在客厅以米白色及浅色橡木作为主色调，力求柔和氛围，同时将电视背景墙打造得精致气派。餐厅所采用的材质，既不夸张又不失个性，当把落地玻璃门打开的时候，外面的风景随即与客餐厅融合起来，使室内的空间被无限地放大。

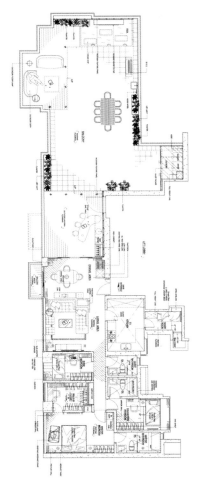

项目档案

- **设计师：** 深圳冯建耀设计公司
- **户　型：** 跃层别墅
- **面　积：** 362平方米
- **主　材：** 橡木、玻璃、云石、壁纸等

平面布置图

在华丽、精致的现代家居中，镜面与大理石都是理想的装饰材料，无论是搭配使用，还是单独使用，都可以获得很好的装饰效果。

对于大面积的窗户，也可以试试更为现代感的卷帘，效果相对更加精致。

空间的划分有时候也不一定非得用到隔断，通过地面的材质变化进行提示也是一种很好的方式。

如果不想采用过于生硬的隔断，不妨选择珠帘或者线帘这样的软隔断，既实用又能营造迷人氛围。

单纯地用玻璃进行分隔，更能表现出精致、华贵的效果。

如果采用木材与玻璃的搭配进行分隔，则温馨感更强一些。

在餐厅地面，用地砖更为实用，不仅清洁起来方便，在充足的采光环境中，更显精致。

黑色烤漆钢化玻璃面板前卫、精致，如果选一套木质餐桌，则是主打温馨的用餐氛围。

大理石铺地虽然效果好，但是价格也昂贵，也可以考虑用地砖代替。墙面板也可以考虑纹理更为丰富的材质，墙面砖与人造大理石都是不错的选择。

这种整体的柜面墙，非常适合过道这种不容易被利用的空间。既增大了收纳空间，又令过道整洁清爽。过道空间一般比较狭小，所以在一侧的墙面上设置镜面是非常高明的手法。能在视觉上起到扩大空间的效果。

软包背景选择浅色调卧室也显得更为轻松、舒适。

现代风格的家居空间中，如果不想做复杂的软包背景，壁饰面是不错的选择。

利用墙体打造一个凹进式的整体电视柜也是不错的选择，既丰富了层次感，也能获得不错的收纳空间。

开放式的金属衣橱非常前卫，对于大多数业主来说，可以因地制宜地打造一面整体衣橱，更为合适。

如果想要活动的大落地窗，也可以选用一套整体书柜，只要在形式与色调上加以注意，一样适用。

窗台也可以设计成具有收纳功能的形式。

如果觉得吊柜太过零碎，可以打造一个整体柜，墙面效果更为统一。

空间较小的卧室，可以利用成套家具打造一个私密、精致的房间，避免拥挤感。

在卧室中通过全玻门或者玻璃隔墙打造一个通透的开放式卫浴间，营造更为私密、年轻的生活环境。

如果觉得卫浴间缺少变化，不妨试试马赛克。马赛克形式、色彩多变，用在卫浴间最为合适不过，既可以作为大面积的背景墙装饰，也可以作为局部点缀。

对于面积较大的露台，可以尝试多打造一些立体景观，营造更为舒适的屋顶小花园。

多摆放一些绿色植物，自然气息更浓，也相对更为私密。

轻松系

自在写意人生

静——低碳之家

设计说明：

本案在大自然中吸收创意，取木为空间元素，以静为家之态度，化繁为简。采用隐喻的空间分隔手法，且大胆留白，取得最顺畅的动线以及视觉的宽敞感。尽量减少装饰的同时又保证空间美学，逃脱既定或豪奢的框架，强调机能的共享和延伸，以低碳的生活方式倡导当代私人居所装修新理念。

项目档案

- ◉ 设 计 师：黄译
- ◉ 户　　型：三室两厅
- ◉ 面　　积：123平方米
- ◉ 主　　材：白橡木、乳胶漆、烤漆玻璃、马赛克、银镜等

平面布置图

如果气候相对潮湿，或者是底层，可以选用地砖作为客厅地面材料，虽然少了一些温暖的感觉，但是装饰效果更好。

对于轻松、自在的家居空间装饰，可以选用镜面玻璃来进行装饰，增添精致感。

沙发对于客厅的整体氛围的营造非常重要，如果觉得黑色沙发有些沉重，可以选择一套主调白色，搭配深色调的沙发，客厅氛围会显得轻松不少。

轻松系

自在 写意 人生

如果想要墙面有些实
用性的功能的话，那
么不妨设计出搁架，
摆放一些装饰和餐具
等。如果设计成带收
纳功能的吧台餐桌，
不仅功能强大，而且
餐厅氛围更为轻松。

餐具和餐桌装饰都是餐厅必不可少的组成部分，精心挑选的餐具更能使人在享受美食的同时感受到精致的品位。

深褐色给人的感觉太过沉重，可以选择颜色稍浅的灰色系，卧室氛围更为轻松一些。

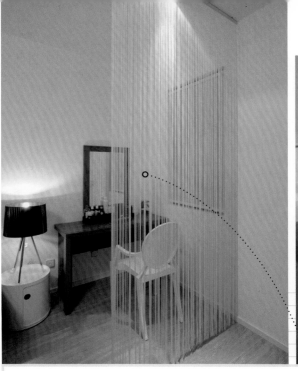

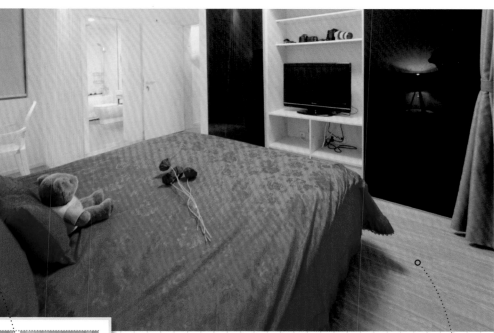

纱帘比珠帘、线帘给人感觉更加轻柔，仿佛就像是温柔的抚摸，更加适合卧室的气氛。

全铺的浅色地毯，既能衬托卧室家具，其舒适的脚感，让人得以放松。

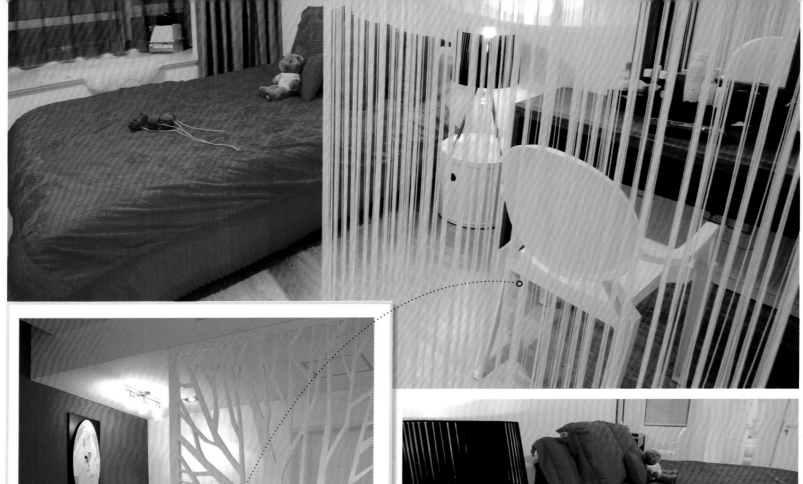

有些人喜欢个性时尚一些的装饰，那么在不阻隔视线的前提下，不妨选择这款白色木质隔断，为卧室带来一丝清爽。

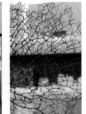

占据整面墙的简约风白色开放式书架，充分表现了书房的风格特点，各种物品穿插摆放，令空间感更加活泼。

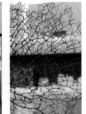

镜柜是卫浴间收纳的重要方式之一，既方便实用又美观。如果洗脸池上方的收纳空间不足，那么不放在下面动动脑筋，水池下的空间往往是收纳杂物的重要地方。卫浴空间面积较大的时候，不妨摆放这样一个收纳架，将物品整齐摆列，方便查找。如果卫浴面积小，水池上下方又不方便做出收纳空间的时候，墙面的收纳方式就显得尤为重要了。

结合卫浴具设计的收纳空间巧妙而实用

卫浴空间可丽或单更的围，也华砖简调氛断用璃常的气隔采玻非浅色浴间轻间以者的浴帘。色浴间为松为断者的

原生态

设计说明：

利用了白、灰色调配合简约线条的家具，营造出一个既简洁，又现代的北欧风格空间。室内没有任何墙身或屏风作为空间的划分，这样可以令整个空间更加开阔，亦可充分地利用室外的光线。在不同的区域大量使用了木质元素，让室内自然韵味十足。

项目档案

◉ **设计师**：深圳冯建耀设计公司

◉ **户　型**：一室一厅

◉ **面　积**：90平方米

◉ **主　材**：木材、乳胶漆、玻璃、吊灯等

平面布置图

开放式的家居空间，分隔可以采用的材料与形式也可以丰富多样，金属帘现代、前卫；木质屏风别致、精美；珠帘便捷、时尚；木作书柜实用、整齐。

玻璃与木质材料比较适合应用于现代风格的家居中，玻璃通透而精制，木质材质可设计成各种造型，喷漆后也非常时尚。

如果想尝试更为明快、现代的感觉，可以用抛光砖或者玻化砖装饰地面。

收纳柜的形式很多，不同的造型给空间能够带来不同的视觉感受，轻松自在的家居空间，往往选择开敞式的收纳或者展示柜，表现更为开放的生活氛围。

将操作台延伸出一个餐吧，造型生动而且也很实用，这种变化的一体式组合家具比较适合小空间。

在这种开放式的家居中，选用玻璃隔断能够让客厅更为通透、靓丽，或者选用更为现代感的木质格栅造型也不错。

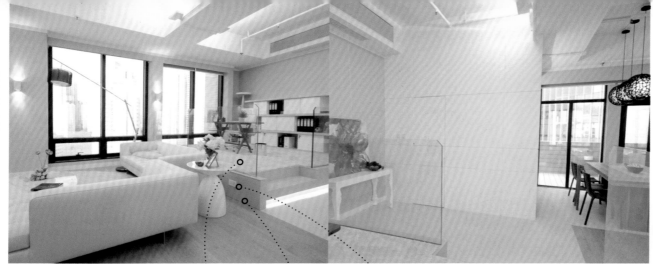

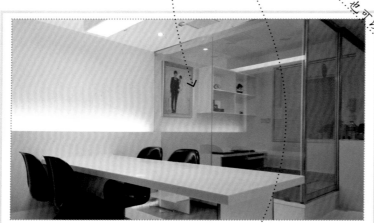

也可以尝试采用封闭式的全玻璃隔墙，这样围合
起来的书房，私密性更好。

也可以尝试改开辟一组接柜，形成半封闭隔断，非常实用

面积不大的露台，并不需要很多的装饰，简单的一把椅子，一张茶几，就能为空间渲染出休闲的氛围。

快乐系
健康儿童乐园

恋花香

项目档案

- ◉ 设计师：李锋
- ◉ 户　型：别墅
- ◉ 面　积：220平方米
- ◉ 主　材：茶镜、松木、仿古砖、墙纸等

设计说明：

本案例注重软装饰的效果，整体给人感觉典雅而自然，生活在此空间轻松而惬意。整体风格极具怀旧气息，再配上乡村软装饰，相辅相成，使人仿佛在一片真正属于自我的空间里领略大自然的清新气息。

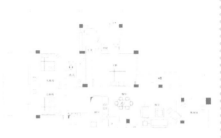

平面布置图

将宝贝的照片挂在墙上，用一面可爱的照片墙营造温馨的家庭氛围。

用壁纸代替墙绘，虽然少了几分艺术美感，但更为便捷，效果也不错。

对于有小孩的家庭，可以考虑用木地板来装饰地面，更为舒适，安全性也更好。

也可以采用清新的碎花壁纸，带来柔美、甜蜜的生活气息。

淡淡的天蓝色柔和、纯净，给墙面来点颜色，更能营造出温馨、舒适的家居环境。

也可以做一个地台，与楼地面形成间隔，相应地布置一套墙面收纳柜和搁架，整体而舒适。

单纯的地板未免显得过于简单，将房间布置成榻榻米形式，造型别致而且也很实用。

不妨试试更为通透的分隔，扩大过道连的空间感

考虑现代人鞋子太多，这样的设计更加实用

平顶设计更为直接、简洁，也能让过道显得更为轻松。

如果书房面积较大，不妨在书房中布置一个休息区，赋予书房更多的使用功能。

浅色系书房给人的感觉更为轻松，比较适合年轻的业主。

不要忽视楼梯下方，可以将其利用起来，无论是作为收纳还是展示空间，都可以收到很好的效果。

铁艺栏杆也比较适合这类空间，可以提升楼梯的美感。

可以在卧室中铺贴地毯，既可以全铺也可只铺在床边，大大增强卧室的舒适度。

沿用客厅的地面材料，卧室也可以铺贴仿古砖，比较适合活泼好动的男孩房。

将书桌与墙面进行整体设计，既装饰了墙面，而且也更牢固。

儿童房适合更活泼一点的色彩，复合儿童的心理特点。

如果全部用实木打造卫浴间，将自然的效果发挥到极致，不仅舒适而且让人眼前一亮。

浅暖色调的卫浴间让人感觉更为放松，也能够营造出更加舒适的空间氛围。

家中的露台往往是最为舒适的空间，既可以打造成开放式，与自然亲密接触，也可以用玻璃封起来作为阳光房，具体布局完全可以根据自己的喜好进行设计。

爱在乡村田园中

在装修设计中，既考虑了年轻业主的爱好品位，又充分考虑到用材与装饰对于儿童的成长影响，因而通过大面积的木材、布艺营造出乡村风格的家居，典雅而不奢华。后期采用大量的饰品装饰与绿植点缀，将田园风情进行到底。

◉ 设计师：郭瑞
◉ 户　型：三室一厅
◉ 面　积：149平方米
◉ 主　材：实木橱柜、仿古瓷砖、进口壁纸、进口复合地板、立邦漆等

平面布置图

也可以简单地做个电视背景墙，墙面用涂料做背景，再通过相对深色调的仿古砖做装饰，营造出简洁、自然的电视背景墙。

可爱的图画往往最能表现活泼生动的效果，加上立体的背景墙造型，非常符合儿童的年龄特点。

田园风格的家居也可以用色彩乳胶漆进行装饰，搭配碎花布艺沙发与仿古地砖，能够获得非常清爽、自然的氛围。

如果觉得壁纸搭配装饰画的墙面太单调，也可以尝试具有立体感的墙面造型。

用餐空间也可以做一面背景墙，起到重点装饰的作用，同时也能够从视觉上划分功能区域。开放式餐厅，可以设置一个小小的吧台，既有使用功能，同时也能够起到分隔的作用。

厨房墙面空间足够的话，可以多布置几个这样的搁架，既方便收纳整理杂物，又很洁净卫生。

将地砖按45度斜铺或者采用与墙面类似的变化形式，可以让厨房变得更具动感。

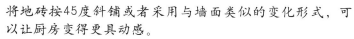

尝试改变一下传统的卧室布局，完全采
用后期的布置进行装饰，遵循少而精的
原则，可以获得别样的卧室环境。

或者干脆利用家具的色彩来营造活泼、生动的儿童房。

墙面彩绘或者贴画最能表现活泼、可爱的效果，也最符合儿童的成长特点。

将成品浴柜换成实木搁架，既简单又实用。

对于全瓷砖装饰的卫浴墙面，材料的色彩与纹理能够完全左右卫浴间的整体效果，只需要按照自己的喜好，挑选合适的瓷砖就好。

富贵系

华美品质空间

非常美式

项目档案

- ◎ **设计师：** 徐鹏程
- ◎ **户　型：** 三室两厅
- ◎ **面　积：** 145平方米
- ◎ **主　材：** 地砖、木地板、墙纸、石膏板等

设计说明：

美式让你联想到什么，是身陷宽大传统欧式布艺沙发的舒适，是入目线条收放的不尽典雅，还是西方风情陈设的精雕细琢？当然还有美式特有的磅礴、厚重、优雅与大气，不仅豪华古典，同时惬意和浪漫。看设计师巧笔生花，简单的几笔勾勒，让生活变得简单，让美式变的不平凡。

平面布置图

对于面积较大的居室，玄关处完全可以变化顶面和地面的造型、材质、色彩等，起到划分区域的作用。对于不能拆除的部分墙体，干脆可以将其做成整理柜，一举多得。

壁纸和涂料相对视觉效果较为平面，采用石膏板打造一个立体的背景墙造型也是不错的选择。

浅色壁纸营造的家居氛围相对轻松一些，空间也更显明亮。

实木吊顶与仿古砖地面围合而成的空间，层次更为丰富，也更能彰显
粗犷的美式风情。

方圆组合既可以是方吊顶与圆餐桌，也可以是圆吊顶与方餐桌的搭配。

对于大多数家庭来说，用地砖装饰餐厅地面，更为实用和便利。

美式风格空间面积一般较大，可以在厨房做一个更为立体的吊顶，能够增加空间的层次感。地砖采用常规的铺贴方式，效果也不错。

干脆将开放式阳台也纳入到卧室空间中，直接布置一个临窗的休息区，既舒适又充分利用了空间。

床头背景墙的设计相对而言更符合大多数人的审美观，能够体现出空间的视觉焦点。

对于整体设计较为华美的家居来说，卫浴间如果缺少变化难免感觉有些不协调，可以尝试改变一下瓷砖的色彩，形成对比搭配，营造效果更为丰富的卫浴环境。

当书房空间不是很大的时候，既可以选择高大的书柜进行收纳，也可选择这样嵌入墙体的书架，令书房美观又整洁。

韵之美

设计
说明：

　　走进大门，茶镜吊顶、美式雕花的布艺沙发与窗帘、写实派的油画、老式的台灯和电话机，一股美式的奢华气息扑面而来，客厅内侧的壁炉、壁灯、仿古吊灯，铁艺的楼梯栏杆，马赛克拼贴的楼梯台阶，无一不流露出浓郁的古典气息。

◉ 设 计 师：由伟壮
◉ 户　　型：别墅
◉ 面　　积：300平方米
◉ 主　　材：壁纸、茶镜、雕花
玻璃及装饰油画等

同样是"井"字造型的吊顶，浅色调能够适当减弱空间的压迫感。

红木地板让客厅更加复古尊贵，营造出优雅、高贵的气质。

红色的墙、地面与金色的沙发相搭配，为客厅带来更为奢华的效果。

多功能的边柜比较适合有收纳需求的业主，其浓郁的复古情调也能增添空间风韵。

不仅仅是壁纸才能展现古典韵味，木质材料同样能做到。

厨房因为其功能特性，可以与家居整体风格做点区分，换一种更为清新的色调，体验纯净、自然的开放空间。

直接利用橱柜台面的转角设计做出吧台，实现多功能的设计。

楼梯的墙面也可以来点色彩，大面积的纯色调能够带来极富张力的视觉效果。

中式风情的休闲区，搭配浅色地砖，整体效果更为轻松一些，同时可以局部吊顶，从而很好地标识出特定区域。

如果觉得太过统一的色调容易使人审美疲劳，那么可以适当地加入更具艺术效果的冷色调，如黑色、藏青色等。

白色烤漆衣柜与浅色床具相搭配，在深色地板的衬托下，对比起来更有质感。

选用深褐色木质床头墙面，可以让空间变得更为典雅、自然，同时也可以形成色调上的对比搭配。

作为影视厅，也可以采用大面积的浅色调来装饰，这样在不看
影视作品的时候，空间也不会显得特别压抑。

现在材料的功能不断得到改进，涂料也可以出现在浴室之中，利用涂料与瓷砖进行搭配，形成柔和的过渡，层次更加分明。

改变地砖的色调，形成对比搭配，令卫浴空间层次分明，更有品质感。

PVC扣板相对于实木板，价格更实惠、也更耐污染、易清洗，并且可以营造出立体的顶面变化。

众多色彩的渐变与对比，相对而言更为现代与个性，但是用于营造古典氛围风情并不是特别理想，不如采用同一色调，利用铺贴方式与明度的变化来丰富空间效果。

温暖系

平静夕阳岁月

流金岁月

项目档案

⊙ 设计师：杨克鹏
⊙ 户　型：别墅
⊙ 面　积：280平方米
⊙ 主　材：木材、涂料、玻璃、仿古砖、木地板等

设计说明：

　　现有楼梯踏步进深窄，三层空间浪费，大面积围栏也不安全，因此将二层通往三层的楼梯平台下降，这样三层的平面面积就可以利用而且没有了安全隐患，另外将原踏步加宽，这样不仅空间变得开阔，还大大降低了装修费用和装修周期。将现代与传统风格融合在一起，应用大量的木材、仿古砖打造一个温馨舒适的"流金岁月"。

平面布置图

平面布置图

平面布置图

对于家中有老人居住的别墅来说，高挑的墙面用软包来装饰是不错的形式，既能有华贵的效果，又能表现出温暖的氛围。

也可以试试浅色调的地砖，对比深色调的实木家具，空间氛围要轻松的多。

餐厅墙面选择仿古砖来装饰的话，它特有的质地能很好地凸显复古、古朴的情怀。

文化石与实木板相互搭配，营造出更为自然的用餐环境。现在很多人都选择用木板来代替装饰面板，装修效果更为自然，也更环保。

125

如果不喜欢一成不变的装饰效果，传统风格的楼梯踏板也可以适当做点改变，利用材质间的相互搭配，带来视觉上的变化，丰富空间的层次感。

全木质楼梯更能展现出传统韵味，也显得更为典雅、华贵。

利用楼梯转角或者阁楼，布置一个休息、阅读的场所，营造浓郁的书香氛围。

也可以直接利用木作打造一个休息、聊天的木台，相比成品古典家具，现场制作更能充分利用空间，而且单价也相对便宜一些。

采用木质屏风作为床头背景，传统韵味更为浓厚，而且还可以灵活摆放。

木质的窗格搭配山石花朵，床头背景装饰利用平面凹凸变化与摆件，形成一幅立体的传统画卷。

新中式的魅惑

设计说明：

　　沙发背景的设计是本案的重点，精致高档的水曲柳擦色工艺漆面，时尚的龙鳞金属砖，两侧出自名师之手的国画，这些都在诉说着一种尊贵的生活态度。在餐厅与过道中间，有一面墙打通设计成与入户花园元素相同的镂空屏风，增加过道的采光与视觉拉阔，同时也为餐厅视觉增艳不少。电视隔断采用中式镂空隔花，床头背景运用"回"字形的墙纸饰面，时尚精致而又不失中式韵味。

项目档案

◉ 设计师：王五平
◉ 户　型：跃式
◉ 面　积：300平方米
◉ 主　材：水曲柳擦色漆、墙纸、釉面砖、蘑菇石、马赛克等

平面布置图

可以将入户花园设计成休闲一隅，比起复杂的造型与布景，这样的设计更为简便，更贴近家庭生活。

对于面积较大的玄关，完全可以在地面也做点变化，拼图是最常见的一种形式，可以起到美观和标识的作用。

也可以将隔断与造型合而为一，既实用效果又整体。

如果不喜欢太过绚丽的金属砖，传统的壁纸与装饰面板更体现出典雅的传统格调。

换一种更为轻松的暖木色，虽然少了几分华贵的感觉，但是家居氛围更为舒适。

如果将外部阳台封闭起来，那么客厅与阳台之间做个开放式的垭口就好，这样既保留了阳台的景致，又拓展了室内空间。

中式装修设计往往会有很多寓意在里面，尤其是家中有老人更要注意这方面。圆形的吊顶与圆桌相呼应，可以减弱家庭成员间的等级划分，拉近彼此之间的距离，营造更为融洽的用餐环境，同时也寓意着一家人团团圆圆、亲密无间。

对于老年人来说，材料的温暖与舒适性是非常重要的因素，因此可以考虑采用木地板来铺贴过道地面，相对更为舒适一些。

墙体的分隔也可以采用雕花的半封闭造型，或者采用木质博古架这类非封闭式的形式，还能体现风格特点。

带有纹理的贴面板和格栅造型，简单的材质或者造型变化可以给厨房带来更为丰富的视觉效果，小尺寸墙砖的斜铺同样也可以增添空间的层次感。

现在市面上的木地板多以自然色和棕色这类的暖色调为主，对于传统风格的卧室，不妨试试冷色调的木地板，复古效果更浓。

对于面积较大的卧室来说，背景墙最好能够做点立体造型，哪怕只是很简单的形式，相对平面来说，都能够提升空间的层次感。作为中式风格的设计，顶面也可以采用一些中式元素，让整体更为统一。

如果是作为老人用的卫浴间，仿古砖比抛光的大理石具有更好的防滑效果，实木吊顶也比防水石膏板更具传统风情。

活动隔断在实际使用中比固定式的格栅更为灵活。

硬性隔墙完完全全划分出两个相对独立的空间，私密性强。

半通透式的隔断，既保证了大空间的穿透性，又能营造出局部空间的私密感。